Carsten Lopuszynski

Optische Informationsübertragung mittels Lichtwellen-leitern

GRIN Verlag

Bibliografische Information der Deutschen Nationalbibliothek:

Die Deutsche Bibliothek verzeichnet diese Publikation in der Deutschen National-
bibliografie; detaillierte bibliografische Daten sind im Internet über http://dnb.d-
nb.de/ abrufbar.

Impressum:

Copyright © 2012 GRIN Verlag GmbH
Druck und Bindung: Books on Demand GmbH, Norderstedt Germany
ISBN: 978-3-656-38165-5

Dieses Buch bei GRIN:

http://www.grin.com/de/e-book/199110/optische-informationsuebertragung-mittels-
lichtwellenleitern

Facharbeit

am Gymnasium

vom 20. Februar

Physik Facharbeit

Optische Informationsübertragung mittels Lichtwellenleitern

von:

Carsten Lopuszynski

Inhaltsverzeichnis

1. Optische Informationsübertragung – Warum verwenden?...1

    1.1 Vorteile der Optischen Informationsübertragung...2

    1.2 Nachteile der Optischen Informationsübertragung...2

2. Übertragungsmedium - Aufbau und Funktionsweise eines Lichtwellenleiters.............3

    2.1 Aufbau eines Lichtwellenleiterkables...4

        2.1.1 Einfaserkabel 4

        2.1.2 Mehrfaserkabel...4

    2.2 Akzeptanzwinkel und numerische Apertur...5

    2.3 Interferenz...6

3 Lichtleiter und beeinflussende Faktoren...6

    3.1 Arten von Lichtwellenleitern...7

        3.1.1 Stufenindexfasern...7

        3.1.2 Gradientenfaser...7

    3.2 Dispersion...8

        3.2.1 Wellenleiterdispersion...8

        3.2.2 Modendispersion...9

        3.2.3 Materialdispersion...9

    3.3 Dämpfung...10

4. Elektrische Informationsübermittlung...10

    4.1 Modulator/Demodulator...10

    4.2 Elektrooptische Wandler (Sender)...11

        4.2.1 Light-Emmitting-Diode (LED)...11

        4.2.2 Laserdioden / Halbleiterlaser...11

    4.3 Optoelektrische Wandler (Empfänger)...12

5. Fazit/Ausbilck...12

1. Optische Informationsübertragung – Warum verwenden?

In der heutigen Zeit ist der Austausch von digitalen Daten auf der gesamten Welt enorm, um all diese Informationen zu übertragen, ist die Brandbreite des Kupferkabels als Übertragungsmedium schon lange ausgeschöpft, denn die Übertragungsraten (Max-Standart 10 Gigabit/s) reichen für die Masse an Daten bei weitem nicht mehr aus. Daher werden seit vielen Jahren neue Datenleitungen mit Glasfaserkabeln(sog. Lichtwellenleiter) verlegt die Übertragungsraten von 100 Gigabit/s bidirektional (Datenübertragung in beide Richtungen auf einer Faser) bis zu mehreren Terabit/s mit dem heutigen Stand erreichen können[1]. Es liegt auf der Hand, dass Glasfasersysteme auch in näherer Zukunft in unsere Häuser einziehen werden, wenn der Bedarf an schnelleren Übertragungsraten gedeckt werden muss. Da wir nun alle, die das Internet benutzen, tägliche Anwender dieses Übertragungsmedium sind, wäre es interessant zu erfahren, wie Glasfaserkabel überhaupt funktionieren und wie über Lichtstrahlen digitale Binärinformationen übermittelt werden können.

Im Rahmen dieser Facharbeit wird der Lichtwellenleiter näher unter die Lupe genommen und anschaulich seine Funktionsweise und die der Komponenten, die zur optischen Übertragung benötigt werden, erklärt. Des weiteren wird auf problematische Faktoren eingegangen, die in der Lichtleitertechnik überwunden werden mussten. Auch werden die Vor- und Nachteile dieses System herausgestellt.
Da nun schon mal die Frage beantwortet ist, warum wir heute optische Informationsübertragung nutzten , wollen wir nun zunächst einen Blick auf die Vor- und Nachteile werfen.

---

1 Vgl. http://www.searchdatacenter.de/themenbereiche/management-planung/allgemein/articles/151140

1.1 Vorteile der Optischen Informationsübertragung

Einige Vorteile der Lichtleiter im Gegensatz zum Kupferkabel sind :

–   Es lassen sich sehr hohe Übertragungsraten, bis zu mehreren Tbit/s, erreichen

–   Oft sind die Fasern hauch dünn wie Haare oder dünner, dadurch haben Lichtleiter ein geringes Volumen und Gewicht

–   Ein- und Ausgang sind galvanisch getrennt, somit entfallen Erdungsprobleme

–   Es können weite Entfernungen ohne Repeater zurückgelegt werden(bis zu 100km, bei Koaxialkabeln nur etwa 1,5 km)

–   Der Lichtleiter ist im Vergleich zum Kupferkabel ein sicheres Übertragungsmedium, denn ein unbemerktes Abhören der gesendeten Signale ist nicht möglich , da eine Leistungsentnahme aus der Faser sofort entdeckt werden kann

–   Im Preisverhältnis zwischen Kupferkabel und Lichtleiterkabel, schneidet der Lichtleiter billiger ab

–   Lichtleiter sind unempfindlich gegen Stromschlag und Kurzschlüsse , sowie auch elektromagnetische Felder oder Störspannungen (Sicher gegen Blitzschlag)

1.2 Nachteile der Optischen Informationsübertragung

–   Verbindungen von Lichtleitern mit Geräten oder anderen Lichtleitern sind verhältnismäßig aufwendig und teuer

–   "Fiber to the Desk"(Glasfaser bis zum Schreibtisch) bedeutet eine Verlegung des Glasfaserkabels bis zum Anwender selbst ohne Kupferkabel dazwischen. Diese Anschaffung ist bis heute mit hohen Kosten verbunden[2]

–   Glasfasern können nicht genügend Energiemengen zur Stromversorgung übertragen , was zur Folge hat , dass Repeater mit einer eigenen Stromversorgung ausgestattet werden müssen

–   bereitet Schwierigkeiten beim Verlegen: Bei starker Krümmung kann die Faser im Kabel brechen [345]

---

2 Vgl. http://de.wikipedia.org/wiki/Lichtwellenleiter#Vor-_und_Nachteile_der_LWL-_gegen.C3.BCber_der_Kupfertechnik

3 Vgl. Optical Fiber Communications (S. 7 – 9)

4 Vgl .http://www.planet-digital.at/1024/html/lwl_infos.pdf (S.3 ff)

5 Vgl. https://net.tgm.ac.at/fileadmin/verkabelung/Steinmetz_LWL_Grundlagen.pdf (S.3)

2. Übertragungsmedium - Aufbau und Funktionsweise eines Lichtwellenleiters

Um Informationen über Lichtwellenleiter zu versenden, bedient man sich der physikalischen Eigenschaften   von Glasfasern und Licht. Man nutzt dabei die Totalreflexion und Interferenz zur Übertragung.

Die Totalreflexion basiert auf der Eigenschaft, dass wenn ein Lichtstrahl auf zwei Materialien mit verschieden Brechungszahlen trifft (wobei $n_1 > n_2$ sein muss siehe Abb. 1.a), der Lichtstrahl beim

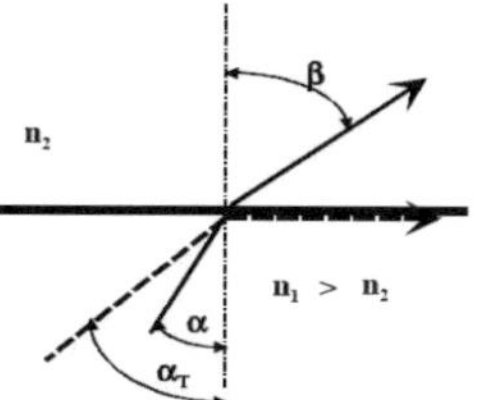

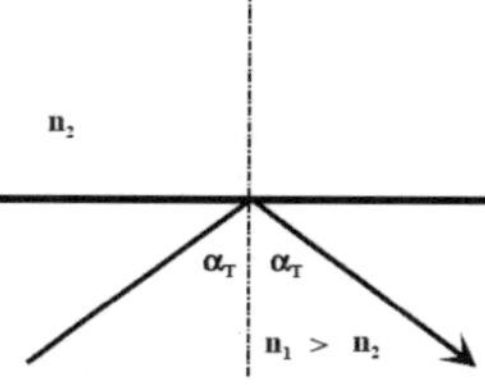

Abbildung 1.a Lichtbrechung und totale Reflexion ab dem Grenzwinkel

Eintreten in das Material mit der geringeren Brechungszahl gebrochen wird. Wenn man die Abbildung betrachtet, würde sich der Winkel β gemäß dem Snelliusschen

Brechungsgesetz aus dem Einfallwinkel α wie folgt berechnen lassen $\dfrac{\sin\alpha}{\sin\beta}=\dfrac{n_2}{n_1}$.

Ist der Einfallswinkel gleich dem sogenannten „kritischen Winkel" beträgt β = 90°.

Bei Einfallswinkel über diesem „kritischen Winkel" tritt Totalreflexion auf, dabei wird der Lichtstrahl mit dem selben Einfallswinkel gespiegelt   wieder   ins Medium   reflektiert. Die Lichtwelle,   auch   Mode genannt, wird dann wie durch einen Tunnel im Leiter reflektiert(dazu Abb. 1.b).

Abbildung 1.b Totalreflexion im Lichtleiter

Diesen   „kritischen   Winkel"   kann   man   errechnen,   falls   man   die   beiden

Brechungszahlen des Materials kennt $\sin\alpha_T=\dfrac{n_2}{n_1}$.

Damit diese Eigenschaft ausgenutzt werden kann, muss der Lichtwellenleiter ein speziellen Aufbau haben. Diesen wollen wir uns nun näher anschauen. [6]

---

6 Vgl. http://public.beuth-hochschule.de/~breede/medien/ss2002/download/glasfaser.pdf (S.2) - http://www.planet-digital.at/1024/html/lwl_infos.pdf (S. 8,9) Bilder aus Optical Fiber Communications (S. 16)

2.1 Aufbau eines Lichtwellenleiterkables[7]

Das Kabel des Lichtwellenleiters besteht aus einem Kern(Core), einem Mantel (Cladding) und einer Beschichtung (Primär Coating). Der Kern führt die Lichtwellen und überträgt somit das Signal. Der Mantel ist zwar auch lichtführend, aber enthält die niedrige Brechungszahl (n_2) , welche für die Totalreflexion benötigt wird.

Die Umhüllung wirkt als Schutzschicht vor mechanischen Beschädigungen und Umwelteinflüssen. Da diese Beschichtung meistens nicht ausreicht, gibt es eine weitere

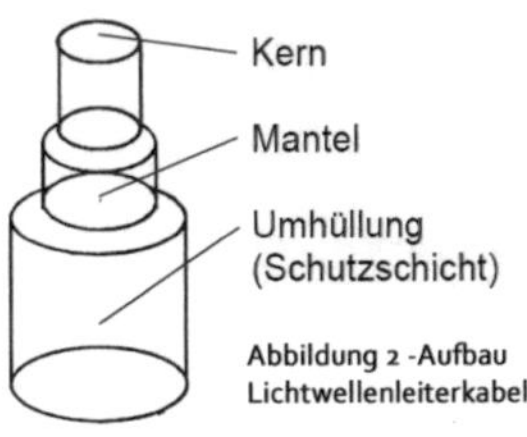

Abbildung 2 -Aufbau Lichtwellenleiterkabel

Schutzschicht, das Sekundär Coating, die aus verschiedenen Kunststoffen besteht. Basismaterial für Kern und Mantel ist Quarz. Da Repeater eine Stromversorgung benötigen, sind im Lichtwellenleiterkabel auch Kupferkabel enthalten, sodass die Repeater Strom auch auf transatlantischen Strecken erhalten können.

2.1.1 Einfaserkabel [8]

Das Einfaserkabel ist wohl der einfachste Art der Lichtleiter. Dieses Kabel besteht nur aus einem Kern der mit dem Prinzip der Monomodefaser funktioniert. Im Klartext bedeutet es, dass sich im Kern des Lichtwellenleiters nur eine Lichtstrahlfrequenz befindet. Da diese Übertragungsbrandbreite sehr hoch ist wird es häufig auf langen Strecken genutzt. (Siehe 3.1.1 Stufenindexfasern) Ein Einfaserkabel finden wir meistens im Privatanwenderbereich, wo Computer mit dem Router verbunden werden.

2.1.2 Mehrfaserkabel[9]

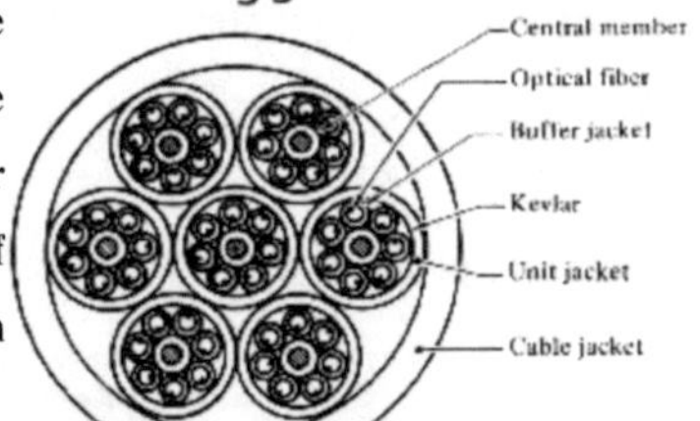

Abbildung 3 - Mehrfaserkabel

Mehrfaserkabel hingegen besitzen mehrere Lichtwellenleiter in einem Kabel, wie Beispielsweise Abbildung 3 die 49 Lichtleiter beinhaltet. Diese Kabelart wird auf transatlantischen Strecken verwendet, auch hierbei wird die Monomodefaser genutzt.

7 Vgl. http://public.beuth-hochschule.de/~breede/medien/ss2002/download/glasfaser.pdf (S.4)
8 Vgl. http://www.planet-digital.at/1024/html/lwl_infos.pdf (S.5,6)
9 Vgl. http://www.planet-digital.at/1024/html/lwl_infos.pdf (S.5,6)

Um den LAN-Bereich mit Mehrfaserkabel zu vernetzten, wir eine andere Technik der Lichtwellenleiter benutzt, die sogenannte Multimodefaser. Dadurch können in einem Leiter mehrere Lichtstrahlen mit verschiedenen Frequenzen übertragen werden, ohne dass eine destruktive Interferenz auftritt.(Erklärung siehe 3.1.2 Gradientenfaser)

Die Übertragungsreichweite beträgt maximal 5-10 km. [10]

2.2 Akzeptanzwinkel und numerische Apertur

Wenn ein Lichtstrahl aus der Lichtquelle in den Lichtleiter einfällt muss das unter einem gewissen Winkel passieren, dem Akzeptanzwinkel θ_a . Leider ist θ_a nicht einfach berechenbar

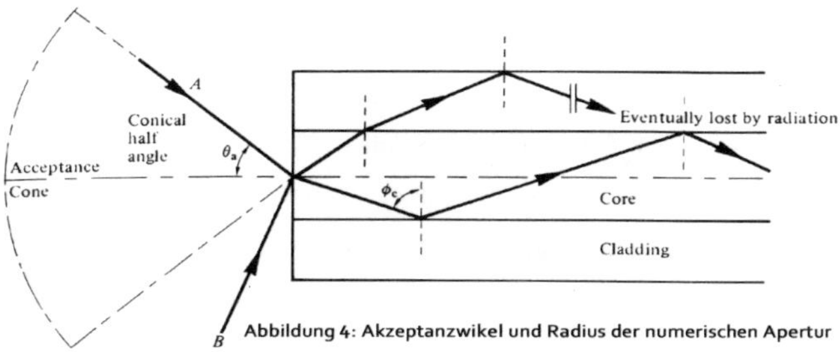

Abbildung 4: Akzeptanzwikel und Radius der numerischen Apertur

indem man 90° minus dem kritischen Winkel nimmt, denn beim Übergang aus der Lichtquelle (Brechzahl n_0 (Luft)) in den Lichtleiter(Brechzahl n_1) wird der Lichtstrahl wieder gebrochen und flacht dadurch ab (Siehe Abb.5). Somit ist $\theta_a >$ 90° - kritischen Winkel(ϕ_c).

Laut dem Brechungsgesetz gilt $n_0*\sin(\theta_a)=n_1*\sin(\theta_1)$, wobei θ_1 sich durch $\phi_c=90°-\theta_1$ ersetzten lässt. Somit gilt $n_0*\sin(\theta_a)=n_1*\cos(\phi_c)$. Umformen des Cosinus (da $sin^2(x)+cos^2(x)=1$ auflösen nach cos(x) ergibt $\cos(x)=\sqrt{1-sin^2(x)}$ x durch ϕ_c ersetzten) $\cos(\phi_c)=\sqrt{1-sin^2(\phi_c)}$. Diese neue Gleichung eingesetzt ergibt dann: $n_0*\sin(\theta_a)=n_1*\sqrt{1-sin^2(\phi_c)}$

Den kritischen Winkel könnten wir ersetzten durch die Gleichung $\sin(\phi_c)=\dfrac{n_2}{n_1}$. Was

$$n_0*\sin(\theta_a)=n_1*\sqrt{1-\left(\dfrac{n_2}{n_1}\right)^2}\quad \text{gleich}\quad n_0*\sin(\theta_a)=\sqrt{n_1^2-n_2^2}\ \text{ ist.}$$

10 http://www.planet-digital.at/1024/html/lwl_infos.pdf (S.5)
http://public.beuth-hochschule.de/~breede/medien/ss2002/download/glasfaser.pdf (S. 6)

Die zwei Terme $n_0 * \sin(\theta_a)$ bzw. $\sqrt{n_1^2 - n_2^2}$ geben die Numerische Apertur an

Da unser umgebendes Medium Luft ist, beträgt $n_0 = 1$. Daraus können wir schließen, dass der maximale Akzeptanzwinkel des Lichtstrahls von den Brechungsindizes des Mantels und Kerns abhängig ist. Wird der Akzeptanzwinkel größer gewählt kann keine Totalreflexion stattfinden, da der kritische Winkel nicht erreicht wird. [11]

2.3 Interferenz[12]

Interferenz tritt im Lichtleiter auf, wenn 2 Wellen aufeinander treffen. Dabei sollte ein Lichtstrahl der innerhalb des Akzeptanzwinkels in den Lichtleiter einfällt, sich mit den schon reflektierenden Wellen konstruktiv überlagern (Abb.5). Dadurch steigt die gesamt Amplitude der Welle, weil sich zwei Wellen überlagert haben. Diesen Vorgang nennt man konstruktive Interferenz.

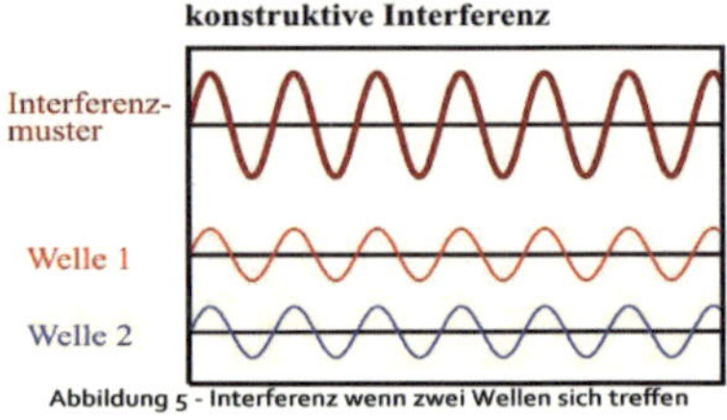

Abbildung 5 - Interferenz wenn zwei Wellen sich treffen

Ist der Lichtstrahl nach einspeisen und zwei Phasensprüngen ein ganzzahliges Vielfaches von 360°, gilt der Lichtstrahl als "eingekoppelt" und wird dann als Mode bezeichnet.

3 Lichtleiter und beeinflussende Faktoren

Das Ziel ist es, dass das Signal am Ende der Übertragung im Lichtwellenleiter von A nach B immer noch die selbe Information aufweist, wie vor dem Versenden. Damit das möglich ist, muss sicher gestellt sein, dass während der Übertragung keine Verluste oder Vermischungen auftreten. Zwei beeinflussende Faktoren auf die bei der optischen Nachrichtenübertragung geachtet werden muss, ist die Dispersion und Dämpfung. Da in der Regel in drei verschiedene Faserarten unterschieden wird , bei denen manche Fasern Probleme mit Dämpfung oder Dispersion haben und andere wiederum nicht, betrachten wir erst die Fasertypen einmal näher. [13]

11Vgl. http://home.arcor.de/rachid.nouna/Telekommunikation/Lichtwellenleiter.pdf (S.3)
12Vgl. http://eitidaten.fh-pforzheim.de/daten/mitarbeiter/mohr/materialien/LFO/LFO-Kap_2.pdf (S.3)
13Vgl. http://www.planet-digital.at/1024/html/lwl_infos.pdf (S.6)

3.1 Arten von Lichtwellenleitern

Man unterscheidet Lichtwellenleiter in wesentlichen zwischen Stufenindexfasern und Gradientenfaser. Der Type des Brechzahlprofils ist dafür entscheident, bei ersterer ist der Brechungsindex zwischen Kern- zum Mantelglas durch zwei Stufen unterscheidbar und bei letzterer sich kontinuierlich in Form einer Parabel ändert.

3.1.1 Stufenindexfasern

Bei Stufenindexfasern werden zwei Materialien verwendet, die zwei unterschiedliche Brechzahlen aufweisen. Abb. 6 zeigt, dass der Kern die Brechzahl n_1 hat und der Mantel die Brechzahl n_2 .
Diese Faser nutzt dann bei

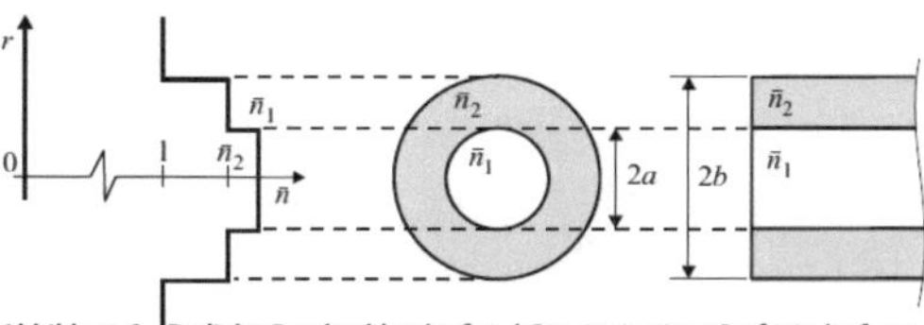

Abbildung 6 - Radialer Brechzahlverlauf und Geomerie eienr Stufenindexfaser

Einkopplung des Lichtstrahls die Totalreflexion nach dem Prinzip wie es vorhin schon erklärt wurde. Bei der Stufenindexfasern werden zwei verschiedene Kernradien gewählt. Zum einen 100 µm bis 400 µm Kernradius für die Übertragung mittels Multimodefaser, dass bedeutet es befinden sich mehrere Lichtwellen gleichzeitig im Kern. Da aber diese Wellen alle unterschiedliche Einstrahlwinkel haben, treten Laufzeitunterschiede auf, auch Modendispersion genannt. Dank neuer Technik können mehrerer Lichtwellen mittels verschiedenen Frequenzen (d.h. verschiedener Farben) in einer Faser übertragen werden.

Der zweite Kernradius ist besonders klein gewählt 2 - 10 µm. Die Herstellung, Verlegung und das Anschließen ist besonders schwer , da die Faser extrem dünn und anfällig für Brechungen ist. Das Besondere an dieser Faser ist das nur eine Lichtwelle sich darin bewegt. Durch den extrem dünnen Kern ist der Weg zwischen den Wänden also zur Totalreflexion besonders kurz , somit bewegt der Lichtstrahl sich schneller im Lichtleiter.

3.1.2 Gradientenfaser

Die Gadientenfaser unterscheidet sich dadurch von der Stufenindexfasern ,dass sie einen vom Zentrum nach außen hin abfallendes Brechzahlprofil hat.(Abb.7) Durch dieses besondere Brechungszahlprofil verlaufen die Lichtstrahlen wie weiche Wellen und nicht wie in der Stufenindexfasern im Zick-Zack-Verlauf. Dadurch treten keine

Laufzeitunterschiede auf , aber auch die Dämpfung ist geringer. (Siehe Abb. 8)

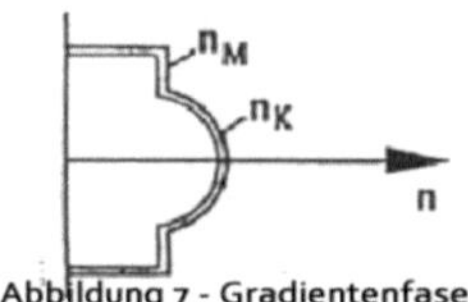

Abbildung 7 - Gradientenfaser

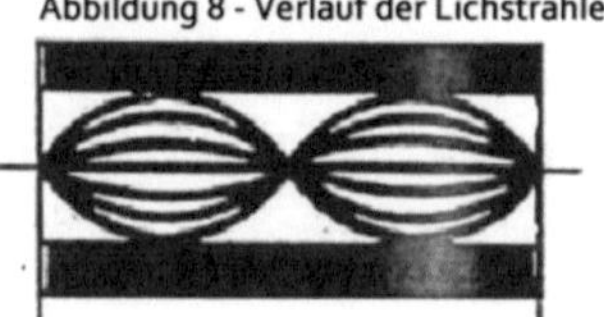
Abbildung 8 - Verlauf der Lichstrahlen

Ein Lichtstrahl, der vom Zentrum nach außen wandert, wird beim Übergang in ein Medium mit niedrigerer Brechzahl abgeflacht, bis er totalreflektiert wird.[14]

3.2 Dispersion[15]

Dispersion ist die Bezeichnung für das Phänomen , dass Lichtimpulse, während sie den Lichtleiter durchlaufen, immer breiter werden und dann sogar ineinander verlaufen können. Da ab einer bestimmten Laufzeit die Lichtimpulse nicht mehr zu

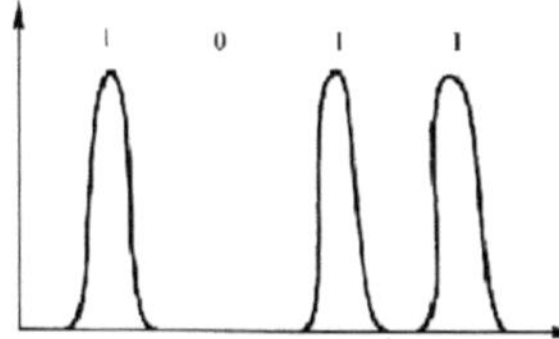
Abbildung 9. - Lichtimpulse beim Einkoppeln

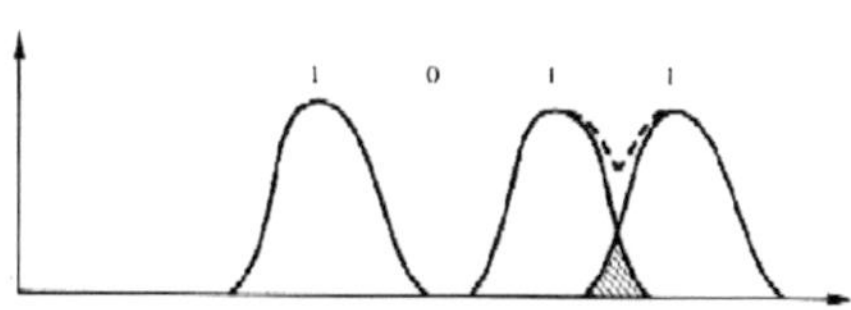
Lichtimpuls Entwicklung nach einiger Zeit . Impuls wird immer breiter

unterscheiden sind, sind auch die Informationen, die das Licht darstellen soll, nicht mehr verwertbar(Abb.9). Man spricht dann von einem „Laufzeitunterschied". Diesen gilt es, wenn möglich, zu vermeiden. Die Ursachen, die zu Dispersion führen , werden im folgendem näher behandelt.

3.2.1 Wellenleiterdispersion[16]

Die Wellenleiterdispersion ist besonders abhängig von den Brechzahlen des Materials und der Wellenlänge des Lichtstrahls. Grundsätzlich tritt diese Art der Dispersion nur in Monomode-

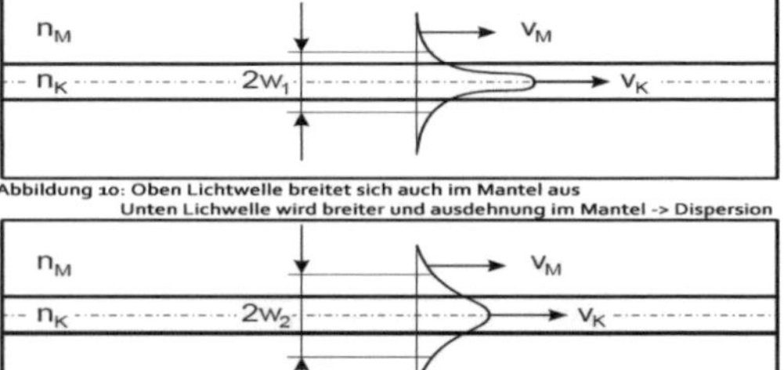

Abbildung 10: Oben Lichtwelle breitet sich auch im Mantel aus
Unten Lichwelle wird breiter und ausdehnung im Mantel -> Dispersion

---

14Vgl. http://public.beuth-hochschule.de/~breede/medien/ss2002/download/glasfaser.pdf (S.6) +
http://eitidaten.fh-pforzheim.de/daten/mitarbeiter/mohr/materialien/LFO/LFO-Kap_2.pdf (S. 6-8)
15Vgl. Elemente optischer Netze - Grundlagen und Praxis der optischen Datenübertragung (S.32-35)
16 Vgl.http://www.lwltechnik.de/files/dispersionsmessungen-probe.pdf (S. 4,5)

Lichtwellenleiter auf. Der Lichtstrahl in dem Monomodeleiter breitet sich, aufgrund seiner Form, nicht nur im schmalen Kern aus, sondern auch im Mantel des Leiters (Abb. 10 oben). Während der Laufzeit in Leiter wird der Lichtpuls im Mantel immer breiter (Abb. 10 unten). Dabei gilt je größer die Wellenlänge, desto größer wird die Ausbreitung des Lichtpulses. Man kann diesen Effekt vermindern, indem man die Materialien des Lichtleiters besser wählt und die Wellenlänge gering hält.

3.2.2 Modendispersion[17]

Die Modendispersion ist der größte negativ beeinflussende Faktor der Dispersionen. Sie tritt vor allem bei Lichtleitern mit Multimoden-Stufenindexfasern auf, denn in dieser Faser haben alle Lichtstrahlen eine unterschiedliche Laufzeit, da die Wegstrecke für jeden Lichtstrahl, der unter einem anderen Winkel eingekoppelt wurde, länger oder kürzer ist (siehe Abb. 11). In jedem Lichtstrahl steckt ein Teil des der „eingekoppelten Leistung", falls diese Teile zu

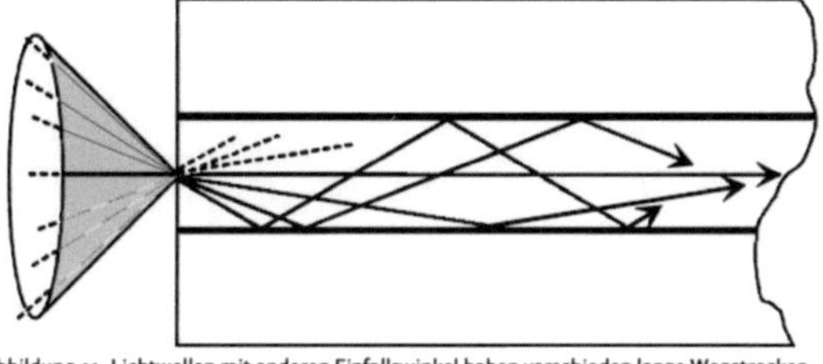

Abbildung 11. Lichtwellen mit anderen Einfallswinkel haben verschieden lange Wegstrecken

unterschiedlichen Zeitpunkten am Empfängermodul auftreffen, können Informationen nicht richtig verarbeitet werden. Um dem Entgegen zu wirken hat man die Gradientenfaser entwickelt, die genau diesen Wegunterschied durch den parabolischen Brechzahlaufbau ausgleicht(Siehe auch 3.1.2).

3.2.3 Materialdispersion[18]

In allen Lichtleitern die aus Glas bestehen, tritt die Materialdispersion auf. Dabei gilt, dass „die Ausbreitungsgeschwindigkeit" des Lichtstrahls abhängig von der Länge der Welle ist. Da die Wellenlänge bei Lichtstrahlen, die durch LEDs erzeugt werden, leider nicht genau bestimmbar ist und variiert, können Laufzeitunterschiede auftreten. Diesen Effekt kann man verhindern, indem man Laserdioden mit einer kleineren Spektral-breite benutzt.

17http://www.lwltechnik.de/files/dispersionsmessungen-probe.pdf(S. 2,3)
18http://www.lwltechnik.de/files/dispersionsmessungen-probe.pdf (S. 3,4)

3.3 Dämpfung[19]

Im Lichtwellenleiter werden viele Lichtstrahlen übertragen, jede dieser Strahlen enthält eine gewisse „Lichtleistung" (Größe der Leistung im µWatt Bereich). Falls nun ein Effekt der Dämpfung auftritt, dann hat es zur Folge, dass die Lichtleistung abnimmt beziehungsweise abgeschwächt wird. Kurz schauen wir uns die drei Ursachen für das Auftreten von Dämpfung an.

Als erstes wäre da die Absorption, man versteht darunter, dass „ Lichtenergie in […] andere Energieformen [umgewandelt wird]". Verursacht wird die Absorption durch kleinste Partikel und Risse im Quarzglas, die bei der Herstellung entstehen. Als zweites ist die Streuung zur erwähnen. Falls Streuung auftritt , teilt sich der Lichtstrahl in mehrere Teillichtstrahlen auf, die in verschiedene Richtungen weiter verlaufen. Hauptursachen für Streuung sind Mikrobiegungen und Verschmutzungen im Lichtleiter sowie bei Übergängen von Glasfasern zu einer neuen Glasfaser die über eine Spleiße verbunden sind. Und die letzte Ursache ist der Strahlungsverlust , der bei „schlecht isolierten Mantel" entsteht. Dabei dringen die Lichtstrahlen durch den Mantel nach außen. Zwar nicht komplett da ja Totalreflexion auftritt, aber ein Teil der Energie des Lichtstrahls geht dadurch verloren, besonders an Stellen wo Mikrobiegungen sind.

4. Elektrische Informationsübermittlung[20]

Nun geht es noch um die Funktionsweise , wie man die digitalen Informationen in Form von Nullen und Einsen in optische Signale umwandelt und nachher wieder decodiert. Ohne diesen Schritt würde die Lichtwellentechnik uns wenig nützten.

4.1 Modulator/Demodulator[21]

Für die Umwandlung der elektrischen Signale wird der sogenannte Modulator benutzt. Dieser wandelt den Strom in ein "analoges elektrisches Signal" um, damit wäre das Signal dann in einem Pegel vorhanden und kann dann in den elektro-optischen Wandler(LED oder Laser) eingespeist werden. Dabei unterscheidet man in zwei Arten zwischen der „direkte[n] Modulation" und die „externe[n] Modulaltion". Die direkte Modulation ist die mit der einfacheren Handhabung. Dabei wird der Laser

---

19Vgl. http://www.referate10.com/referate/Technik/7/Lichtwellenleiter-reon.php (Punkt 4)
20http://www.hft.tu-berlin.de/uploads/media/SIG.pdf (S.1)
21http://www.hft.tu-berlin.de/uploads/media/SIG.pdf (S.1-3)

oder die LED dem elektrischen Signal entsprechend immer an und ausgeschaltet. Leider entstehen dort Probleme, aufgrund der Tatsache das man den Laser nicht beliebig schnell an und ausschalten kann. Folgen sind Phasenmodulation und Dispersion. Deshalb wird diese Art der Modulation nur in Netzwerken mit niedrigen Datenraten verwendet (10 Gb/s).

Das Prinzip der externen Modulation arbeitet mit einem Laser, der ein dauerhaftes Signal sendet. Einfach erklärt verändert der Modulator das Signal wie mit einen Schalter, indem es abgeschwächt oder komplett hindurch gelassen wird, entsprechend des elektrischen

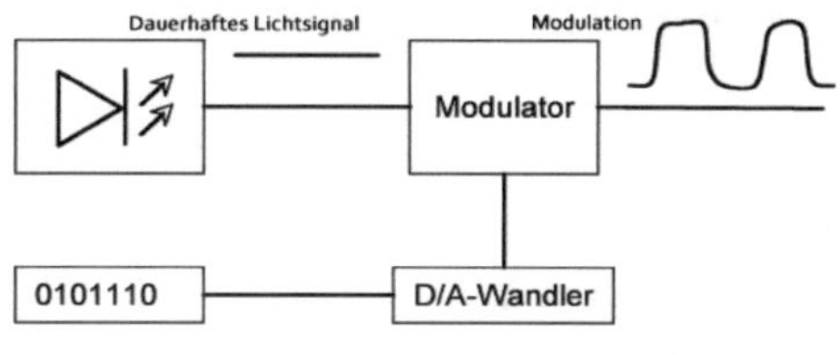

Abbildung 12 - Externe Modulation mittels Laser und Elektroabsorptionsmodulators

Signales. So entsteht dann die vollständige Lichtwelle, die in den Lichtwellenleiter geführt wird.

Der Demodulator entsprechend auf der Seite des Empfängers , wandelt diese Signalwellen wieder in Stromspannung um, damit die Informationen im jeweiligen Gerät verarbeitet werden können.

4.2 Elektrooptische Wandler (Sender)[22]

Ein Signal das als Licht übertragen werden soll , muss erst erzeugt werden. Für die Erzeugung des Lichtes verwendet man grundsätzlich Halbleitersender. Dabei gibt es 2 verschiedene Arten. Einmal die Light Emitting Diode (LED) und den Laser.

4.2.1 Light-Emmitting-Diode (LED)[23]

Die Funktionsweise der LED kann man einfach beschreiben. Fließt ein Strom durch den Halbleiter in Durchlassrichtung, so wird Licht abgestrahlt. Da die Leistung von LEDs nicht sehr groß ist , sind sie nicht für das Versenden von langen Strecken geeignet.

4.2.2 Laserdioden / Halbleiterlaser[24]

Ein Laser besteht aus einer Energiequelle(Pumpe), die die Elektronen darin auf ein

22http://optmat.physik.uni-osnabrueck.de/scripts/laser/opt_nachrichtenuebertr_paper.pdf (S.4)
23http://optmat.physik.uni-osnabrueck.de/scripts/laser/opt_nachrichtenuebertr_paper.pdf (S.4)
24http://optmat.physik.uni-osnabrueck.de/scripts/laser/opt_nachrichtenuebertr_paper.pdf (S.4,5)

höheren Energie Zustand bringt. Dabei kommt es zur einer „stimulierten Emission" (Aussendung) von Licht. Dadurch das ein Laser eine relativ geringe Linienbreite erzeugt , ist er besonders für Versendungen von Lichtwellen auf langen Strecken geeignet.

4.3 Optoelektrische Wandler (Empfänger)[25]

Wenn das Signal am Ende des Lichtleiters austritt, muss nun unsere Lichtwelle wieder in ein elektrisches Signal umgewandelt werden. Um das zu erreichen, wird ein optoelektrischer Wandler benötigt. Es befindet sich im Empfänger ein Halbleiter ähnlich wie beim Sender mit einer Photoelektrischen Funktion. Eine sogenannte Photodiode. Der „innere Photoeffekt" basiert auf dem Prinzip der Abstoßung von Elektronen wenn am Leistungsband die Lichtwelle auftrifft.(Abb.13) Dadurch wird das Elektron in der

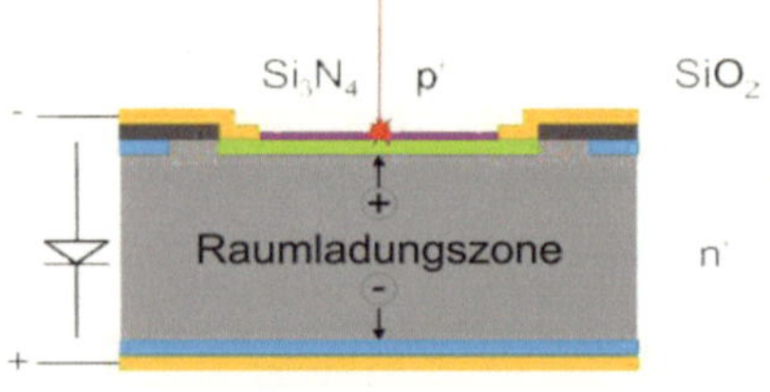

Abbildung 13 -Schematischer Aufbau einer Si-Diode

Raumladungszone in Bewegung gesetzt und gibt einen Stromfluss zum Demodulator. Dieser wandelt den entsprechenden Stromfluss wieder in verwendbare Informationen um.

5. Fazit/Ausbilck[26]

Die Zukunft des Lichtwellenleiters sieht gesichert aus. In Neubausiedlungen werden die Häuser inzwischen komplett mit Glasfaserkabeln vernetzt. Auch der Privatanwender wird langsam an diese Technologie mit neuen Produkten herangeführt. Zu erwähnen wäre da zum Beispiel, die von Intel entwickelte „Lightpeek"-Schnittstelle, welche 2011 von Apple unter dem Namen „Thunderbird" herausgeben wurde. Des weiteren ist es ein Ziel die allgemeine Übertragungsbrandbreite zu vergrößern, um Kunden zukünftig die benötigte Brandbreite zu liefern. Resümierend kann man sagen, sich mit der Funktionsweise des Lichtwellenleiters zu beschäftigen, kann einem interessante Informationen liefern für eine Technologie die uns in den nächsten Jahrzehnten begleiten wird.

25 http://optmat.physik.uni-osnabrueck.de/scripts/laser/opt_nachrichtenuebertr_paper.pdf (S.6)
26 http://news.cnet.com/8301-13924_3-20025179-64.html Light Peek;
   http://www.apple.com/thunderbolt/ (thunderbird); http://www.firmenpresse.de/pressinfo165143.html

Quellenverzeichnis

Bücher:

Senior, John M.: Optical Fiber Communications - Principles and Practice, Harlow(England), ³2009(OFC)

Senior, John M.: Optical Fiber Communications - Principles and Practice, Prentice Hall, 1985 (OFC-1985)

Dr.Brückner, Volkmar: Elemente optischer Netze - Grundlagen und Praxis der optischen Datenübertragung , Wiesbaden: Vieweg+Teubner Verlag, ²2011

Internet Quellen

http://www.searchdatacenter.de/themenbereiche/management-planung/allgemein/articles/151140 (Stand 20.02.2012)

http://de.wikipedia.org/wiki/Lichtwellenleiter#Vor-_und_Nachteile_der_LWL-_gegen.C3.BCber_der_Kupfertechnik (Stand 20.02.2012)

http://public.beuth-hochschule.de/~breede/medien/ss2002/download/glasfaser.pdf (Stand 20.02.2012)

http://www.planet-digital.at/1024/html/lwl_infos.pdf (Stand 20.02.2012)

http://public.beuth-hochschule.de/~breede/medien/ss2002/download/glasfaser.pdf (Stand 20.02.2012)

http://www.referate10.com/referate/Technik/7/Lichtwellenleiter-reon.php (Stand 20.02.2012)

https://net.tgm.ac.at/fileadmin/verkabelung/Steinmetz_LWL_Grundlagen.pdf (Stand 20.02.2012)

http://www.hft.tu-berlin.de/uploads/media/SIG.pdf (Stand 20.02.2012)

http://www.lwltechnik.de/files/dispersionsmessungen-probe.pdf (Stand 20.02.2012)

http://eitidaten.fh-pforzheim.de/daten/mitarbeiter/mohr/materialien/LFO/LFO-Kap_2.pdf (Stand 20.02.2012)

http://optmat.physik.uni-osnabrueck.de/scripts/laser/opt_nachrichtenuebertr_paper.pdf (Stand 20.02.2012)

http://www.firmenpresse.de/pressinfo165143.html (Stand 20.02.2012)

http://news.cnet.com/8301-13924_3-20025179-64.html (Stand 20.02.2012)

http://www.apple.com/thunderbolt/ (Stand 20.02.2012)

Abbildungen.

1.a http://public.beuth-hochschule.de/~breede/medien/ss2002/download/glasfaser.pdf (S.2)

1.b Optical Fiber Communications (S. 16)

2 https://net.tgm.ac.at/fileadmin/verkabelung/Steinmetz_LWL_Grundlagen.pdf (S.4)

3 Optical Fiber Communications-1985 S.143

4 Optical Fiber Communications S.17

5 http://upload.wikimedia.org/wikipedia/de/5/54/Interferenz_sinus.png

6 http://www-opto.e-technik.uni-ulm.de/lehre/opto1/script/oit-vorlesung.pdf(S.26)

7 https://net.tgm.ac.at/fileadmin/verkabelung/Steinmetz_LWL_Grundlagen.pdf (S.8)

8 https://net.tgm.ac.at/fileadmin/verkabelung/Steinmetz_LWL_Grundlagen.pdf (S.8)

9 Optical Fiber Communications-1985 S.77

10 http://www.lwltechnik.de/files/dispersionsmessungen-probe.pdf (S. 5)

11 http://eitidaten.fh-pforzheim.de/daten/mitarbeiter/mohr/materialien/LFO/LFO-Kap_2.pdf (S.7)

12 http://www.hft.tu-berlin.de/uploads/media/SIG.pdf (S.2)

13 http://optmat.physik.uni-osnabrueck.de/scripts/laser/opt_nachrichtenuebertr_paper.pdf (S.6)